遇见一只锅
铸铁锅美食密语

一厨作 主编

黑龙江科学技术出版社
HEILONGJIANG SCIENCE AND TECHNOLOGY PRESS

图书在版编目（CIP）数据

遇见一只锅：铸铁锅美食密语 / 一厨作主编 . --
哈尔滨：黑龙江科学技术出版社，2019.5
ISBN 978-7-5388-9941-2

Ⅰ . ①遇… Ⅱ . ①一… Ⅲ . ①菜谱 Ⅳ .
① TS972.12

中国版本图书馆 CIP 数据核字 (2019) 第 023366 号

遇见一只锅 铸铁锅美食密语

YUJIAN YI ZHI GUO ZHUTIEGUO MEISHI MIYU

一厨作　主编

项目总监	薛方闻	
责任编辑	徐　洋	
策　　划	深圳市金版文化发展股份有限公司	
封面设计	深圳市金版文化发展股份有限公司	
出　　版	黑龙江科学技术出版社	

地址：哈尔滨市南岗区公安街 70-2 号　邮编：150007
电话：（0451）53642106　传真：（0451）53642143
网址：www.lkcbs.cn

发　　行	全国新华书店	
印　　刷	深圳市雅佳图印刷有限公司	
开　　本	723 mm × 1020 mm　1/16	
印　　张	10.5	
字　　数	200 千字	
版　　次	2019 年 5 月第 1 版	
印　　次	2019 年 5 月第 1 次印刷	
书　　号	ISBN 978-7-5388-9941-2	
定　　价	39.80 元	

Contents

Chapter 1
一次搞定铸铁锅

爱上铸铁锅   002

深陷锅山锅海   002

爱上铸铁锅的理由   002

走进铸铁锅大家族   003

按是否有涂层分类   003

按功能分类   003

用心挑选一口好锅   006

从外观挑选质量上乘的铸铁锅   006

按实际情况挑选铸铁锅尺寸   007

按用途挑选合适的铸铁锅种类   007

铸铁锅的清洁与保养诀窍   008

铸铁锅的清洁   008

铸铁锅的保养   008

铸铁锅的使用注意事项   009

开锅   009

粘锅   009

加热   009

取放   009

生锈处理   009

烹调铸铁锅美食的小工具   010

铲子   010

夹子   010

油刷   010

锅耳隔热垫和隔热手套   011

刮刀   011

量杯   011

让食材与铸铁锅更合拍一点   012

关于肉品的选择   012

肉类的烹饪前处理   014

蔬菜的烹饪前处理   016

铸铁锅的三大料理方式   018

高汤   018

焖煮   019

蒸   019

Chapter 2
用铸铁锅做营养主食

彩蔬丝拌饭　　　　　　　023

葱香菌菇焖饭　　　　　　025

酱肉土豆焖饭　　　　　　027

番茄酿肉饭　　　　　　　029

烩牛肉蛋包饭　　　　　　031

牛蒡鸡肉糯米饭　　　　　033

铸铁锅杂粮饭　　　　　　034

奶酪焗烤通心粉　　　　　035

奶油蛤蜊通心粉　　　　　037

老北京炸酱面　　　　　　039

重庆豌杂小面　　　　　　041

兰州拉面　　　　　　　　043

番茄芝士面　　　　　　　045

腊肉土豆豆角焖面　　　　047

Chapter 3
用铸铁锅做百变素菜

甜玉米　　　　　　　　　　051

原味红薯　　　　　　　　　052

清蒸生菜　　　　　　　　　053

手撕包菜　　　　　　　　　055

干煸豆角　　　　　　　　　057

锅巴土豆　　　　　　　　　059

素烧什锦菇　　　　　　　　061

胭脂藕　　　　　　　　　　063

番茄丝瓜面筋煲　　　　　　065

地中海风味烤时蔬　　　　　067

胡萝卜炖番茄　　　　　　　069

麻婆豆腐　　　　　　　　　071

Chapter 4
用铸铁锅做香嫩肉蛋

玉米洋葱煎蛋　　　　　075

烤肋排　　　　　077

铸铁锅红烧肉　　　　　079

猪肉白菜炖粉条　　　　　081

盐渍猪肉土豆　　　　　083

蜂蜜炖五花肉　　　　　085

黄豆烧猪蹄　　　　　087

三杯鸡　　　　　089

啫啫鸡　　　　　091

咖喱鸡腿　　　　　093

茄汁鸡翅　　　　　095

珐琅锅烟熏鸡翅　　　　　097

栗子黄焖鸡　　　　　099

迷迭香柠檬胡椒鸡　　　　　101

日式寿喜肥牛锅　　　　　103

黑胡椒番茄肥牛锅　　　　　104

沙茶火锅　　　　　105

棒骨海带汤　　　　　107

萝卜筒子骨汤　　　　　109

清炖羊排萝卜汤　　　　　111

Chapter 5
用铸铁锅做鲜味水产

焗鱼头 115

啤酒烧鱼 117

蒸黄花鱼 119

醋焖多宝鱼 121

铸铁锅炖鱼 123

草鱼烧萝卜 125

鲜虾炖时蔬 127

铸铁锅南瓜焖虾 129

蛤蜊蒸蛋 131

酒蒸蛤蜊 133

海鲜牛奶烩西蓝花 135

北欧风味鳕鱼汤 137

Chapter 6
用铸铁锅做中西甜品

纽约芝士蛋糕   141

古早味鸡蛋糕   143

南瓜布丁   145

焦糖布丁   147

焦糖酸奶苹果   149

红酒炖梨   151

薏米雪梨糖水   153

秋梨膏   155

黑糖草莓果酱   157

生姜柠檬酱   158

Chapter 1

一次
搞定铸铁锅

铸铁锅不仅拥有靓丽的外表，
还可以做出不同寻常的美味，
让我们的餐桌变得丰富多彩。
跟随我们，走进本章，
学习铸铁锅常识，
让您的生活因一口锅而精彩！

爱上铸铁锅

用一口铸铁锅，让味蕾感受不一样的美食体验吧！

深陷锅山锅海

　　市面上的锅五花八门，传统铁锅、不锈钢锅、不粘锅和无烟锅，不同种类、不同材质的锅足以让人眼花缭乱。对于爱好烹饪的人而言，不是随便一口锅都能令自己称心如意的。有的锅好看但不耐用，有的锅用途单一，有的锅爱粘锅清洗麻烦……市面上那么多锅，如果只能选择一口的话，那当然是铸铁锅。铸铁锅是用铸铁制成的，铸铁坚固抗压、导热均匀、耐腐蚀，是十分理想的铸锅材料。与其他锅相比，铸铁锅自有其独特的魅力。

爱上铸铁锅的理由

留住鲜美和营养

　　铸铁锅的密封性强、保温性好，烹饪食物时产生的蒸汽能更好地在锅内循环，这样只要少量水分就可以快速烹熟食物，可以更好地留住食材的鲜美和营养。

适用多种烹调方法

　　不管是小炒、炖煮，还是盐焗、煎烤，铸铁锅都有发挥的空间，还可以直接当餐具盛放食物，烹饪、装盘一锅到底。另外铸铁锅适用于明火、电磁炉、烤箱等电源，十分百搭。

省时、节能

　　铸铁锅预热完成后用小火就能保持一个稳定的热度，且关火后锅体也能长时间保温，这样不仅节省能源，无形中也缩短了烹饪时间。

易清洗

　　铸铁锅的表层附着了一层珐琅，有防粘、防异味的作用，清洗十分方便，用温水浸泡后，用海绵或百洁布蘸取中性洗涤剂就能轻松洗净。

走进铸铁锅大家族

了解了铸铁锅的优点，是时候带你认识铸铁锅的大家族了。

按是否有涂层分类

铸铁锅依据表层是否有涂层可分为普通铸铁锅和珐琅铸铁锅。那些看起来暗暗的、黑乎乎的就是不带珐琅的普通铸铁锅。珐琅铸铁锅是在普通铸铁锅的内外表层附着了一层珐琅，这使得锅看上去有着艳丽的颜色和诱人的光泽。

普通铸铁锅

珐琅铸铁锅

说到"珐琅"，可能有的人比较茫然，如果换成另一个亲切的称呼——搪瓷，你肯定就懂了。珐琅即搪瓷，是涂烧在金属底坯表面上的无机玻璃瓷釉，主要由高强度石英和长石等组成的硅酸盐矿物质，对人体无任何毒副作用。它除了能让锅体外观美丽之外，还能隔绝锅体与外界空气的接触，避免生锈，清洗也比较方便。当然珐琅铸铁锅也并非好处占尽，它轻易磕碰不得，如果使用时将锅重拿重放，或让其骤冷骤热，都容易使锅表面脆弱的珐琅层受到破坏。

按功能分类

铸铁锅根据其用途的不同，可分为炖锅、炒锅、煎烤锅、奶锅、牛扒盘等多个种类。

铸铁炖锅

这是比较常用的铸铁锅，有密封性十足的锅盖，可使食材在均匀受热的同时，锁住水分和营养；锅口深，可以让汤汁充分没过食材，用来煲汤、炖肉、煮菜都很好用。

铸铁炒锅

炒锅是烹饪中使用率很高的锅具，除了常规的炒之外，还可以用作蒸、炖、炸等其他不同的烹饪方法。相对煎烤锅来说，炒锅的锅口要深一些，通常为圆底，有的带长柄。有人可能会幻想自己烹饪时像电视上的那些大厨一样，手握长柄酷炫地掂勺。而实际情况是铸铁锅很重，一般人单手不易拿起，因此不适合掂勺。但长柄也并非摆设，有一个长柄能更好地控制锅具，将菜装盘时也会方便很多。

铸铁焗炖锅

焗炖锅锅口相对炖锅来说比较浅，适合烹饪一些需要炖煮，但是又不需要加很多水的食材，用来焗海鲜大杂烩再合适不过了。

铸铁煎烤锅

　　铸铁煎烤锅能保持恒温煎烤食材，可以尽量避免因手法生疏导致煎焦或者半生不熟的窘况。可煎烤的食物花样很多，煎鸡蛋、牛排、面包，甚至做烘焙都可以。

铸铁奶锅

　　常用的奶锅口径为14~18厘米，带柄。奶锅不光可以热牛奶，还可以用来制作奶茶或者糖水等其他饮品，甚至可以进行一些小分量食材的煮、炸、焖等，十分方便实用。如果你喜欢开创不同寻常的味道，千万不要错过这样一款烹饪花样多变的锅具。

铸铁牛扒盘

　　即专门用于煎牛排的牛扒盘，锅底有条纹，煎出的牛排有漂亮的纹路，光看了就让人食指大动。如果你厨艺不精，又想在亲友面前露一手，用铸铁牛扒盘煎一份色味俱佳的牛排绝对是极佳的选择。

用心挑选一口好锅

健康美味之旅，从用心挑选一口好锅开始。

从外观挑选质量上乘的铸铁锅

检查密封度

密封度即锅盖和锅身的密合程度，盖上盖子看一圈，不翘的为好，如果翘起就是不密封了。密封度好的锅保温性能更佳。

察看气眼和杂质

铸铁在浇铸冷却过程中会产生大量气体，这会在锅表面形成小气眼，即使喷上一层珐琅也遮不住，仔细看就能发现，如果气眼不是很多就不会影响使用。另外，珐琅铸铁锅在喷珐琅的过程中可能会使空气中飘浮的杂质附着在锅表面形成黑点，此黑点不同于气眼，而是一些杂质。虽然杂质和气眼都不太会影响使用，但都是越少越好。

观察锅面是否平整

优质珐琅铸铁锅的锅身色泽一致，锅内、外表面光滑平整，无疙瘩浅窝、局部突起、磕碰破损。一般来说，由于铸造工艺所致，没有珐琅涂层的普通铸铁锅都有少量龟纹，这是不可避免的，对使用没什么影响，用久了就会变得光滑。但如果有疙瘩或小凹坑，对锅的质量影响较大，购买时需注意察看。

按实际情况挑选铸铁锅尺寸

　　如何根据自己家庭的实际情况选择铸铁锅尺寸呢？就炖煮锅来说，一般三到五口之家适合使用24厘米口径的锅；如果是两口之家，那么22厘米口径就可以了，能满足2～3人的炖煮菜量。

按用途挑选合适的铸铁锅种类

　　铸铁锅根据其用途的不同，分多个种类，形状也各异。喜欢喝糖水、粥、汤的，一口圆形焖炖锅再合适不过了；好友来家中聚餐，一口方形牛扒锅可以让你瞬间化身西餐大厨；喜欢各种小炒的，带柄的圆形炒锅是不错的选择；爱好煎鸡蛋、烤比萨，一口煎烤一体的圆形煎烤锅怎么能错过？不管是什么用途的铸铁锅，都是能做出美味料理的能工巧匠。

铸铁锅的清洁与保养诀窍

清洁与保养得当，铸铁锅完全可以长久地使用下去！

铸铁锅的清洁

普通清洁： 洗珐琅铸铁锅时要用软布、厨房专用海绵或较柔软的刷子等，避免使用钢丝球或过硬的抹布等来洗锅，以免刮伤珐琅。珐琅铸铁锅使用完后，也不要用冷水冲洗，应用温水清洗或把锅放凉再清洗，以免温差过大导致珐琅崩裂、脱落。

去顽固污渍： 如果不小心把锅烧焦了，可以先用温水浸泡一夜后，用软布带水擦洗，或用热水浸泡2小时后倒掉水，用软布蘸着小苏打粉擦拭。

铸铁锅的保养

避免猛火烹饪

厚实的铸铁锅导热均匀稳定、保温性能好，所以不需要大火长时间烹饪。使用猛火不仅浪费燃气，产生过多油烟，还容易对铸铁锅外壁造成损坏。

避免使用金属锅铲

为了保护珐琅铸铁锅的珐琅层，推荐使用硅胶或木质的锅铲、汤勺等，以避免金属烹饪器具在不经意间损坏珐琅层。

避免空烧

长时间空锅干烧（简称空烧）会损坏锅体，所以在使用铸铁锅时不建议空烧，一般建议采用烹调前先下油，由小火开始逐渐加热的烹调法。

使用锅夹

很多带盖子的珐琅铸铁锅都会附带几个垫在锅盖跟锅子之间的小夹子，它的作用是减少锅盖和锅沿的碰撞，另外有利于通风透气，避免放置过久而产生异味。

铸铁锅的使用注意事项

为了自己心仪的锅具，在使用上可要多费心思哦！

开锅

铸铁锅在第一次使用前要进行开锅。首先要按照前面所说的清洁方法将锅清洗干净，用干净的软布擦干水分。接着在锅壁内和锅口边缘涂抹一层薄薄的食用油，放在火上小火烧干，重复此步骤2~3次；也可以将锅放在小火上，用带皮的肥猪肉不停地擦锅内的每一处地方，直到猪肉变焦黄，然后把油倒掉，用热水迅速冲洗一遍锅，重复此步骤2~3次。最后关火，待锅自然凉凉后，用厨房纸巾拭去多余油分，开锅就完成了。

粘锅

铸铁锅刚买回来时，内壁往往比较粗糙生涩，做淀粉含量较高的食物容易粘锅。这时可多做一些油分比较多的肉食，待使用一段时间后，食物油脂会逐渐渗入粗糙的细孔，形成表面的不粘层，就不那么容易粘锅了。

加热

铸铁锅用小火过渡到中火的方式加热大约需要10分钟，温度一旦升高，整个锅在一定时间内就能保持恒定的温度。为了保持食物的味道和延长锅具使用寿命，建议先以小火慢慢过渡到中火的方式将锅底烧热，再用中小火烹饪。

取放

不论是在烹饪的过程中移动铸铁锅，还是在烹饪完成后将其端上餐桌，都要使用隔热手套，以免烫伤。另外，加热后的铸铁锅与摆放的桌面之间应有隔热保护。

生锈处理

如果锅沿因长期磨损生锈，只要每次清洗后将锅彻底擦干，在磨损部位抹油即可，并尽量保持干燥，避免放置在潮湿的地方；若是锅内壁有锈斑，可用软布蘸些醋直接擦拭生锈部位，待锈斑去除后用清水洗净擦干。

烹调铸铁锅美食的小工具

想要做出好吃的铸铁锅美食，光有一口锅是远远不够的。

铲子

对于铸铁锅来说，一般建议使用木质或硅胶材质的铲子，能减少对锅具的损伤。毕竟，铸铁锅的珐琅很脆，受不得利器剐蹭，所以金属质地的厨具要尽量少用，或不用。

夹子

考虑到铸铁锅的材质较为厚重，用铲子翻面不太灵活，对于那些需要翻面的食材，一把夹子就派上了用场。在选购时，夹子和铲子一样，以木质和硅胶的材质为佳。

油刷

如果需要用铸铁锅煎、烤、煮食材，一把油刷必不可少，它可以将油均匀地涂抹到锅面上，减少用油量。而且，在预热锅具的时候，如果刷上薄薄的一层油，也更方便食材的煎煮。

锅耳隔热垫和隔热手套

由于铸铁锅是一体成型的，在加热的时候，锅耳会非常烫，为了保障使用者的人身安全，无论是在烹饪的过程中移动锅具，还是烹饪完成后将菜肴端上餐桌，都需要用到锅耳隔热垫和隔热手套。注意，在选择隔热器材的时候，要注意看一下最高耐受温度。

刮刀

用铸铁锅做菜时，经常会用到刮刀。相较于宽大、笨拙的锅铲而言，刮刀小巧灵活，能更轻松地将容易粘连的食材混合均匀，或将侧边锅体上的食物刮下来，避免其温度过高、清洗不彻底或者混合不均匀。

给铸铁锅使用的刮刀一般建议选择硅胶或者木质品，既能在锅中切割食材，方便烹饪，又能避免损伤镀了珐琅的铸铁锅锅体，延长其使用寿命。

量杯

在烹饪的过程中，除了对调料的把控，就是对水的使用了。不同的食材对水分的要求不尽相同，例如，质硬的、不易熟透的食材，为了保持长时间高温炖煮，用水量会多一些，但也不能加过多的水，以免造成汤汁过多，让食材损失鲜美之味。所以，使用铸铁锅进行烹饪的时候，要特别注意加水量，这时候量杯便派上用场了，它能帮烹饪者更好地把控用水量，达到更好的烹饪效果。

让食材与铸铁锅更合拍一点

不同的食材与铸铁锅争相碰撞，交汇出幸福的滋味！

关于肉品的选择

猪、牛、羊、鸡、鸭，每种肉类都有其独特的风味，在选择肉品的时候，主要取决于铸铁锅的烹饪方法，包括蒸、煮、炒、炖、煎、炸、烤等。例如，有的肉类为了提升其滋味，必须快速烧烤或煎炸；相反，有些肉类则适合用文火慢炖细熬。接下来我们将进行具体的介绍。

牛肉

牛肉又分黄牛、水牛、牦牛、乳牛四种，以黄牛肉品质为佳。黄牛肉的颜色一般呈棕红色或暗红色，脂肪为黄色，肌肉纤维较粗，肌肉间无脂肪夹杂。腱牛肉肌肉结实柔细、油润、呈红色，皮下有少量黄色脂肪，肌肉间也夹杂少量脂肪，质量最好。犊牛肉呈淡玫瑰色，肉细柔松弛，肌肉间含脂肪很少，肉的营养价值及鲜味远不如成年的牛肉。母牛肉呈鲜红色，肉质较公牛肉柔软。

使用铸铁锅炖煮牛肉时，建议选择牛肩胛骨或牛大腿肉，这两个部位的肉质较为精瘦，而且富含胶质，炖煮后入口即溶，口感非常柔软。此外，也可以选择牛里脊、牛背肉、后腿肉，或者去皮的牛腩。

牛肉不适合煎，更适合炖，往往是越煎越老，越炖反而越软嫩。对于整块的牛肉，或厚度超过2.5厘米的肉，建议采取低温、长时间的烹饪方式，更能保留住肉汁和营养成分。而肉本身的老嫩也会影响成菜的口感。

羊肉

用铸铁锅烹饪羊肉，首先要保证肉质新鲜。市面上卖的羊肉并不都是新鲜的，还有一部分是冷冻过的羊肉，虽然解冻后外观上与新鲜羊肉相似，但是口感却差很多。

一般来说，新鲜羊肉摸上去有点黏，能轻易粘住小纸条，打过水或不新鲜的就不会有这种黏手的感觉；而且，新鲜羊肉肌肉结构坚实而有弹性，切成较厚的片后能立起来，如果是不新鲜的羊肉就会软塌塌地"站不住"。购买带骨的新鲜羊肉块时，还可以比较骨骼的粗细。通常骨骼越细的，说明羊的年龄越小，肉质也更加柔嫩。

去油去骨的肩胛肉，切块的羊颈肉、胸肉、上排骨肉，以及羊腿肉等，都可以用铸铁锅炖煮。

猪肉

用铸铁锅烹调猪肉，一般建议考虑猪蹄髈、猪尾巴、猪耳朵、排骨、脊骨肉、猪胸肉（去油）和肩肉，可以将其整块或切块炖煮。

鸡肉、鸭肉

鸡肉和鸭肉是比较常见的禽肉，用铸铁锅烹饪鸡肉和鸭肉，如果是炖、煮、蒸、焖等，一般建议选择一整只鸡或鸭，或者肉质偏老的老母鸡、老鸭等；如果烹饪时间短，如选取爆、炒、炸等烹调方法，则可以使用鲜嫩的里脊肉，通常只需要几分钟就可以出锅。

动物内脏

就动物的内脏来说，一般新鲜的内脏质地坚实，有弹性，内部有新鲜的血液；不新鲜的内脏，如动物的心脏则质地松软，没有弹性，并带有黏液，散发异味。以下将针对猪肚、猪心、猪肠、猪肺等常见内脏的选购进行说明，让大家吃得更放心。

◆**猪肚**：首先看色泽是否正常；然后看有无坏死或出血的发黑、发紫组织，最后闻一闻有没有异味。

◆**猪心**：新鲜的猪心富有弹性，组织坚实，用手压的时候，会有鲜红的血液流出。

◆**猪肠**：新鲜的猪肠稍软，呈乳白色，有黏液，略有硬度，湿润度大，无伤斑，无变质异味，无脓色，且不带杂质。

◆**猪肺**：正常猪肺呈淡红色，表面光滑，手指轻按柔软而有弹性；切开后，内里呈淡红色，能喷出气泡。

肉类的烹饪前处理

在用铸铁锅烹饪肉类之前，除了要选对食材之外，掌握一些小技巧也可以帮助到你，如清洗、切制、腌渍等。不仅可以增添口感和风味，而且还能使肉类的营养保持得更好。

腌渍肉类有讲究

用调配好的腌料对肉类进行腌渍，可以使原料烹饪时成熟均匀，不卷缩、干瘪、碎散，外形显得饱满整齐，而且还能去除异味，增添肉类脂肪的香味。

常用来调配腌料的调味料有：盐、醋、老抽、料酒、生抽、食用油、糖、大蒜、生姜、葱花、辣椒及一些常用香料，如八角茴香、迷迭香等。具体使用时可以灵活选用。除了使用调味料之外，还可以用胡萝卜、芹菜、香菜、洋葱等本身富有特殊风味的食材加水打成汁，加入腌料中，这样能让肉保持鲜嫩。以下提供了一些腌渍肉类的小技巧，希望能对烹饪者有所帮助。

◆腌料中的糖可能会导致食物在烹饪时烧焦。因此，当腌料中有糖时，烹饪时需使用小火并不断翻动食物。

◆腌渍时要让食物在腌料中翻面，确保充分腌渍食物。将肉切成片状或块状再腌渍，更容易入味。

◆加入腌料拌匀后还可以淋入少许水淀粉，将肉汁锁住，这样可减少烹饪时肉的干涩感。

◆有的人在腌肉的时候习惯在肉上面戳洞，以让肉类更入味，但其实这样并不好，因为会使肉汁流失，反而会使烹饪后的肉质干燥无味。

◆掌握合适的腌渍时间，一般肉类的腌渍时间在30分钟左右，如切成小片，则只需加腌料腌渍10~20分钟。

◆建议选用非金属的器皿（如玻璃、陶瓷、不锈钢等）作为容器，因为金属器皿会在腌渍中与腌料产生化学反应，影响食物风味。

掌握切不同肉类的技巧

俗话说"横切牛羊，竖切猪，斜切鸡"，不同的肉类有不同的切法，正确切肉，才能让铸铁锅做出的肉更美味，同时还能在一定程度上减少烹饪成本。

不同肉类的切法	
肉类名称	具体切法及原理
猪肉	猪肉的肉质比较细，猪肉筋较少，要顺着肉的纹理斜切，刀和肉的纹理呈水平线，这样烹制出来的肉既不会碎烂，也不会塞牙
牛肉	牛肉筋腱较多，并且顺着肌肉纤维埋在里面，要横切，逆着肉的纹理切，刀和肉的纹理呈90°。这样可以切断牛肉的纤维，烹熟后吃在嘴里容易嚼烂
羊肉	羊肉在切前要将黏膜剔除，最好横切，尤其是老羊肉，一定要逆着肉的纹理切，切薄
鸡肉	鸡肉含筋很少，可以顺着纤维切，炒的时候肉不散碎，而且入口有味。如果鸡肉的肉质比较嫩，切时只要稍微倾斜即可

切肉示意图

切五花肉   切筒子骨

蔬菜的烹饪前处理

除了烹饪肉类之外，蔬菜也是日常生活中人们不可或缺的食材，用铸铁锅烹饪蔬菜，同样需要掌握一些烹饪前的处理方法，这对保持菜肴的营养和口感具有重要的作用。

蔬菜的清洗与泡发

刚从市场上买来的蔬菜，上面往往都黏附着许多脏污，在烹制前，首先要进行清洗，以去除各种杂质和细菌，一些干制品则需要提前进行泡发。下面是一些具体的、实用的清洗与泡发技巧：

◆现在市场上的很多新鲜蔬菜都有农药的残留，淘米水呈碱性，对农药有去除作用，可将蔬菜放在淘米水中浸泡片刻，然后再用清水冲洗干净。

◆由于食材的特性，花菜和西蓝花等蔬菜常常会有残留的农药存留在花株缝隙中，还容易生菜虫。可以在烹饪前将其放入盐水里浸泡几分钟，菜虫就跑出来了，残留的农药也会随之去除。

◆很多人在清洗青椒时，习惯将它剖为两半或直接冲洗，其实这种做法是不正确的。青椒独有的造型和生长姿势，使得喷洒过的农药容易积累在凹陷的果蒂上，因此清洗青椒应先去蒂，再用清水冲洗。

◆莲藕中含有大量的藕粉，切好后，如不及时下锅烹调就会很快因氧化而变黑，这时如果把藕浸泡在加有食醋的冰水中，就可以保持其原有的洁白色泽。

◆泡发干蘑时，应先用凉水冲掉干蘑表面的灰，再用温水泡发皱褶，轻轻涮去沙土，最后用少量开水浸泡。浸泡过蘑菇的开水不必倒掉，可以澄清后添入菜肴中，增加鲜味。

◆泡发黑木耳宜用凉水，用凉水浸泡可以更多地保留木耳原有的水分。一般来说，用凉水泡发黑木耳，每千克可发出3.5～4.5千克，吃起来也比较脆爽。

蔬菜的刀工与去皮

刀工直接影响着菜品的样式和口味，在进行切制时既要去掉食物中不宜食用或影响口味的部分，又要将食物切成想要的形状，还要让食物便于烹饪，提升口感。可见，刀工是很讲究的，那么，具体应该如何操作呢？

◆像白菜、菠菜等蔬菜最好是先洗后切，以防止其中水溶性维生素的流失。

◆在切菜时，若合理地选择切菜顺序还可以消除遗留在菜板上的气味。如切洋葱、青椒和芹菜时，先切洋葱再切青椒，最后切芹菜，即可消除菜板上的洋葱味。

◆叶子菜、花菜等可以用手撕的蔬菜，最好不要用刀切。需要切开的食材，以切大块为宜。

◆切白菜时，可沿着白菜上的一条条"沟壑"顺着切，这样有利于保存菜汁，减少水溶性营养素的流失，最大程度地保留膳食纤维等营养物质，而且这样切出来的白菜叶更容易熟。

◆切洋葱时，眼睛容易受到洋葱挥发物质的强烈刺激而常常泪流不断。其实，在切洋葱前把刀放在冷水里浸一会儿再切就不会刺激眼睛了；或者把洋葱一切为二，在水中稍浸一会儿，然后取出切制，切时在旁边放一碗水，边蘸边切，这样切就不会流泪了。

对于一部分蔬菜来说，烹饪前可能需要进行去皮，这个也有一定的技巧。

◆大蒜去皮时，先将其掰成瓣，放入温水中浸泡3～5分钟，捞出后用手一揉，皮即可脱落。

◆想轻松去除番茄的皮，可将其放在沸水中煮40～60秒，捞出后在冷水中冷却一下，番茄皮就很好剥除了。如果在下到沸水中之前将番茄皮用刀轻轻划开，皮就更好剥了。

◆用鲜藕做菜需要去皮，如果用刀削往往厚薄不均匀，削完后还容易使肉质发黑。可以用金属丝制成的清洁球擦鲜藕表面，这种方法既能擦去藕表面薄薄的表皮，还能将小的凹陷处都擦干净。

铸铁锅的三大料理方式

学会三大料理方式，一次搞定铸铁锅美食！

高汤

高汤是烹饪中常用的一种辅助原料，以往通常是指鸡汤，经过长时间熬煮，其汤水留下，用于烹制其他菜肴时，在烹调过程中代替水，加入到菜肴或汤羹中，目的是提鲜，使味道更浓郁。现如今的高汤已经不局限于鸡汤，取材方便，做法简单，有荤有素，主要包括鸡高汤、猪高汤、牛高汤、鱼高汤、蔬菜高汤、海鲜高汤等。

利用铸铁锅做高汤，可以慢慢加热，并释放出食材原有的味道，既美味，又便利。下面介绍一种棒骨高汤的制作方法，供您参考。

棒骨高汤

材料： 海带200克，白萝卜1根，棒骨、姜片各适量

做法：

Step1.
海带用水冲洗干净，切块；白萝卜切块，备用。

Step2.
将棒骨放入铸铁锅中，汆水后捞出。

Step3.
将食材放入铸铁锅中，加入适量清水。

Step4.
加盖煮熟，关火，将材料捞出，沉淀后过滤即可。

焖煮

所谓焖煮，就是将加工处理好的食物原料放入锅中，加入适量的汤水和调料，盖紧锅盖，待水烧开后，改用微火进行较长时间的加热、焖熟，并在常温下继续焖放一定的时间，待原料酥软入味的烹饪技法的总称。

铸铁锅焖煮知多少

焖煮是铸铁锅的基本料理方式之一，食材通过焖煮，能充分释放出本身的天然味道，而且短时间内就能煮熟，既能节省能源，又非常适合工作忙碌、没太多时间下厨的人。

可以用来焖煮的食材品种繁多，干鲜并存，如莲藕、白萝卜、土豆、冬瓜、海带、山药等块茎、瓜果类，香菇、猴头菇、竹荪等菌藻类，红豆、绿豆、黑豆等豆类，以及各种肉类等。如果是新鲜蔬菜，清洗干净、切好即可；如果是肉类，一般建议提前腌渍一会儿，制成的成品会更入味；若是干品则需提前浸泡好，然后放入锅中煮。

一般素食菜肴焖煮的时间在10分钟左右，肉菜则可能需要30分钟以上，如果是煲汤，控制在2小时左右即可。当然，这个时间也并非绝对的，具体烹饪时，应视菜量的大小、烹饪的火力、食材的特性等情况而定。

焖煮的方法

用铸铁锅焖煮食材很简单，只需要将喜欢吃的食材切成合适的大小，放入锅中，加入适量水，再盖上盖，开中小火加热即可，可以根据食材的特性适当调整焖煮的时间。

蒸

蒸是将原料放在容器中，以蒸汽加热，使调好味的原料成熟入味的一种烹饪方式，也可以在菜肴蒸熟后加入芡汁调味。一般茄子、南瓜、芋头、红薯等蔬菜多用清蒸，叶类蔬菜常常会加入玉米粉等调味后一起蒸制。蔬菜的蒸制时间不宜过长，控制在15分钟以内即可。

市售的铸铁锅一般都配有蒸架，将处理好的食材直接放在蒸架上，隔水蒸煮，十分方便。

Chapter 2

用铸铁锅
做营养主食

用铸铁锅做主食，
不仅能更好地保留食材的营养，
而且操作十分简便。
只要您勇于尝试，
铸铁锅就不会让您失望！

彩蔬丝拌饭

材料

大米200克，猪肉丝50克，鸡蛋1个，香菇丝、黄豆芽、黄瓜丝、胡萝卜丝各少许

调料

食用油15毫升，盐、韩式辣酱各适量

制作过程

1. 锅内放入食用油，倒入猪肉丝，拌匀，略炒后盛出待用。
2. 锅内分别放入胡萝卜丝和黄瓜丝，略炒后盛出，待用。
3. 将锅洗净，放入洗净的大米，注水，加少许盐，盖上盖，煮片刻。
4. 待米饭散发出香味，揭盖，在米饭上铺上胡萝卜丝、黄瓜丝、猪肉末、香菇丝、黄豆芽，摆好。
5. 在中间打入鸡蛋，并在锅沿淋一圈食用油，盖上锅盖，小火焖5分钟。
6. 依个人喜好加入韩式辣酱，拌匀即可。

为了使得做出的拌饭成品颜色更加鲜艳，吸引人的食欲，也可以先将所用的食材焯一遍水，再放入锅中炒制。

葱香菌菇焖饭

材料

大米500克, 菌类150克, 洋葱60克, 奶油15克, 大蒜、香菜碎各少许, 高汤适量

调料

橄榄油15毫升, 盐、黑胡椒各适量

制作过程

1 将菌类切薄片, 洋葱、大蒜切丁, 待用; 锅中注入适量橄榄油, 开中火炒洋葱、大蒜。

2 倒入大米, 炒匀, 加奶油, 炒化, 加橄榄油, 拌匀, 再倒入菌类, 翻炒均匀。

3 待沸腾后, 倒入适量热水, 拌炒; 盖上锅盖, 先用中火煮1分钟, 再转小火续煮8分钟。

4 加入1/2的高汤, 搅拌直到煮沸腾, 盖上锅盖并关火, 闷放5～8分钟。

5 打开锅盖, 中火加热, 加入剩余的高汤, 拌匀, 加入盐、黑胡椒, 拌匀调味, 撒上香菜碎即可。

菌菇类食材本身就鲜味十足, 因此烹制时不建议加鸡粉、生抽、老抽、料酒等调味品, 以免掩盖食材本身的鲜味。

酱肉土豆焖饭

材料

大米250克，蒸熟的酱油肉60克，土豆200克，葱适量

调料

盐、食用油各适量

制作过程

1. 备好的酱油肉切成小丁，土豆去皮切成粒，葱切成葱花。
2. 铸铁锅用小火预热，倒入适量食用油，烧至六七成热。
3. 放入土豆粒，煎至微微焦黄，撒入盐，盛出备用。
4. 铸铁锅中放入洗净的大米，注入适量清水，放入煎好的土豆粒和酱油肉丁，稍稍搅拌。
5. 盖上盖，用大火煮开后转小火，煮约15分钟至米饭熟透。
6. 关火，约20分钟后揭盖，撒入葱花即可。

土豆的淀粉含量很高，且含有多酚氧化酶，切好后，可放入冷水中浸泡，以免氧化变黑。

番茄酿肉饭

材料

番茄2颗，温米饭、猪绞肉各50克，洋葱25克，芝士30克，欧芹碎1大匙

调料

盐1/4小匙，橄榄油1小匙，黑胡椒少许

制作过程

1 番茄从顶端约1厘米处切除蒂头后，用汤匙挖去果肉。

2 将温米饭、猪绞肉、切好的洋葱粒放入碗中，撒上盐、黑胡椒、欧芹碎，搅拌均匀，制成肉馅，备用。

3 将肉馅均匀地填入番茄中。

4 锅中倒入橄榄油，开微弱的中火，放入番茄。

5 盖上锅盖，并留些空隙，听到出现噼啪声的时候，再将锅盖盖紧，转小火，蒸煎10分钟。

6 开盖后，铺上芝士，焖2分钟即可。

烩牛肉蛋包饭

材料

牛肉250克，洋葱、番茄各2个，蘑菇、鸡蛋各3个，鸡肉1块，米饭1大碗，香叶2片，青豆1小把，奶油/奶2勺，百里香、小茴香、蒜末各适量

调料

盐、黑胡椒粉各5克，番茄酱、辣椒粉、橄榄油各适量，白葡萄酒1勺

制作过程

1　牛肉洗净沥干，切丁，放入黑胡椒粉、盐、辣椒粉，拌匀，腌渍半小时左右。

2　洋葱和番茄洗净，切丁；中火加热橄榄油，把牛肉丁放入锅中，煎至变色，盛出备用。

3　锅中留底油，放入洋葱丁、蒜末、百里香、小茴香、辣椒粉、香叶、番茄酱拌炒，放入牛肉、水和酒，大火烧开后转小火焖40分钟左右。

4　将鸡肉切丁，蘑菇切片，青豆过水；三个鸡蛋加两勺奶油或奶打散。

5　取平底不粘锅，放入蒜末、洋葱丁、番茄丁、鸡肉丁、番茄酱、蘑菇片、香叶、青豆、米饭，炒匀盛出。

6　锅中倒油，打入蛋液，摊成蛋皮，放入米饭，把蛋皮折起，倒扣入盘中，浇上烩牛肉即可。

牛蒡鸡肉糯米饭

材料

大米 180 克, 鸡腿肉 1 片,
牛蒡 1 根, 姜 1 块, 蒜瓣
2 个, 葱花适量

调料

酱油 3 大匙, 砂糖、酒各 1
大匙, 味淋 1/2 大匙, 食
用油适量

制作过程

1 鸡腿肉切成 1 厘米的块, 蒜瓣切末, 牛蒡削成
   丝, 姜切末; 锅里倒入少许油, 开中火加热, 放
   入姜末和蒜末, 爆香。
2 放入鸡腿肉, 炒至变色, 再放入牛蒡炒软。
3 加入 3 大匙酱油、1 匙砂糖、1 匙酒、半匙味淋,
   翻炒均匀, 炒至水分收干, 取出食材备用。
4 锅中放入泡过水的米和淹过米 1 指节的水, 开中
   火煮至冒泡, 转小火焖煮 10 分钟, 关火闷放 5
   分钟。
5 打开锅盖, 均匀地铺上炒好的牛蒡和鸡肉。
6 再次盖上锅盖, 蒸 15 分钟, 最后撒上葱花即可。

铸铁锅杂粮饭

材料

大米80克，黑米、红豆、
绿豆各30克，玉米40克

制作过程

1　黑米洗净，用清水浸泡约1小时；红豆、绿豆洗
　　净，用清水浸泡1小时。

2　将大米、黑米、红豆、绿豆、玉米倒入铸铁锅
　　中，加入适量清水至没过食材。

3　盖上盖，用大火煮开后转小火煮约30分钟，至
　　食材熟软。

4　关火，继续闷10分钟，揭盖，盛出煮好的杂粮
　　饭即成。

奶酪焗烤通心粉

材料

通心粉120克，黄油100克，牛奶300毫升，鲜奶油、面粉、洋葱各50克，虾仁60克，豌豆、奶酪各30克

调料

盐3克，胡椒粉2克

制作过程

1. 洗净的洋葱切成丁，备好的奶酪擦成丝。
2. 锅中注水烧开，放入通心粉，煮至八成熟捞出。
3. 取一碗，倒入备好的鲜奶油和牛奶，搅拌均匀。
4. 取一个平底锅，倒入40克黄油，用小火煮至黄油溶化，倒入面粉，搅拌匀。
5. 往锅中倒入拌好的牛奶，搅匀，再加入30克黄油，拌匀，制成白酱，待用。
6. 取铸铁锅，放入30克黄油，用小火煮至溶化。
7. 加入洋葱、豌豆、虾仁、盐、胡椒粉、通心粉、白酱，煮至浓稠，关火，撒上奶酪丝，待用。
8. 将铸铁锅放入烤盘中，加入适量水，将烤盘放入预热的烤箱中，用200℃烤15分钟，取出即可。

奶油蛤蜊通心粉

材料

通心粉1包，培根3片，洋葱1/2个，淡奶油150克，蛤蜊、蒜末、罗勒碎、黄油各适量

调料

白酒3勺，盐、黑胡椒粉各适量

制作过程

1　将通心粉放入锅中，放盐煮10分钟左右，放凉待用。

2　在麦饭石煎盘中放入黄油，然后放入蒜末和切好的洋葱丁，煸香。

3　放入培根炒香，倒入淡奶油稍微煮开，再放入蛤蜊拌炒一会儿。

4　放入3勺白酒，待蛤蜊张开以后，将煮好的通心粉放入锅中拌炒均匀。

5　撒上罗勒碎、黑胡椒粉调味即可。

买回来的蛤蜊可以将其放置于清水中，撒入适量食盐，浸泡两小时左右，有利于吐出泥沙。

老北京炸酱面

材料

五花肉350克，手擀面、萝卜、芹菜、黄豆芽、黄瓜、大葱、姜末各适量

调料

甜面酱、干黄酱、食用油各适量

制作过程

1 五花肉切丁；干黄酱用水稀释后，倒入甜面酱混合；黄瓜、萝卜、大葱、芹菜切丝，备用。

2 把黄豆芽放入锅中，焯水后捞出；手擀面入锅煮熟，然后放到凉开水里浸泡。

3 锅中倒入比平时多一些的油，倒入五花肉，煸炒至变色。

4 放入姜末，倒入酱料，用中小火煮至收汁，倒入葱丝，拌成炸酱，在面上放上菜码，再浇上炸酱即可。

重庆豌杂小面

材料

豌豆、肉馅、葱、姜、蒜、重庆小面、上海青各适量

调料

食用油、秘制酱料、老抽、生抽各适量

制作过程

1 将豌豆用水泡发，备用。
2 锅中注入少许食用油，倒入肉馅，炒至变色。
3 放入葱、姜、蒜，再放入秘制酱料，倒入老抽、生抽，翻炒均匀，盛出备用。
4 将备好的重庆小面和上海青一起放入锅中煮熟，盛入碗中，待用。
5 浇上之前炒好的码，再放入泡好的豌豆即可。

锅中也可以注入温开水，这样能缩短烹饪的时间；喜欢吃其他食材的可以依个人口味酌情添加。

兰州拉面

材料

牛肉500克、牛骨、白萝卜各1根，姜片、八角、花椒、桂皮、干辣椒、茴香、月桂叶、葱花、拉面各适量

调料

盐、辣椒油各适量

制作过程

1 牛肉和牛骨放入锅中，加温水煮开，撇去浮沫。
2 准备好所有调料，并放入调料盒中。
3 下姜片和香料，中火煮开，转小火炖煮1个小时左右。
4 捞出牛肉，切片；下切好的白萝卜片继续炖煮。
5 换另一口锅煮面，煮好以后捞出，浇上牛肉汤。
6 码好牛肉和萝卜，浇上辣椒油，撒上葱花即可。

在制作之前，可将牛肉先用清水浸泡两小时，不仅能去除牛肉中的血水，也可去除腥味。

番茄芝士面

材料

番茄 1 个，洋葱 1/2 个，荷兰豆、香肠各 150 克，蘑菇 3 颗，芝士片 1～2 片，意大利面（按人数取食），黄油适量

调料

番茄酱、盐各适量

制作过程

1　锅中倒水，中火煮开，撒盐，放入意面煮10分钟，直至意面中间没有白芯，将意面捞出沥干，放置变凉，备用。

2　将番茄切丁，蘑菇切片，荷兰豆切段，香肠切片，洋葱切丁，待用。

3　打开中火，放入黄油，待其融化，放入洋葱丁、番茄丁、番茄酱，炒匀，倒半杯水，略煮滚。

4　放入香肠、蘑菇、荷兰豆，翻炒均匀，放入意面。

5　放入芝士，待芝士融化，盛出即可。

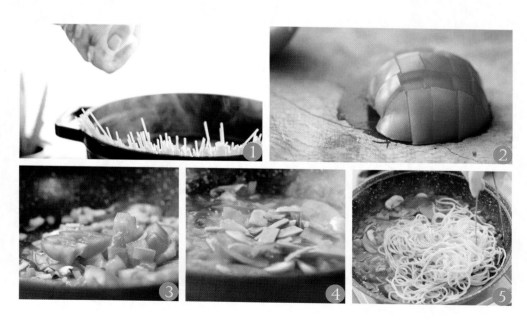

腊肉土豆豆角焖面

材料

腊肉50克，土豆45克，豆角10克，面条120克，葱花少许

调料

料酒4毫升，生抽3毫升，食用油、芝麻油各少许

制作过程

1 洗好的豆角切丁；洗净去皮的土豆切条形，改切成小丁。

2 洗好的腊肉切细条，再切成小丁，装入盘中，待用。

3 铸铁锅置于火上，加入食用油、腊肉，翻炒出油，放入切好的土豆、豆角，翻炒均匀。

4 淋入少许料酒、生抽，炒匀炒香，注入少许清水，盖上盖，用中火焖约3分钟。

5 揭开盖，倒入备好的面条，拌匀，用大火焖煮片刻至面条熟透。

6 淋入芝麻油，炒匀炒香，关火后盛出焖好的食材，撒上葱花即可。

腊肉在制作的过程中添加了很多食盐等调味料，本身有很重的咸味，因此制作时可以少放点生抽。

Chapter 3

用铸铁锅
做百变素菜

铸铁锅除了能做主食外，
还可以做出不同寻常的素菜，
满足素食主义者的需求，
接下来跟随我们一起，
走进铸铁锅素菜大本营吧！

甜玉米

材料

玉米2个

调料

白砂糖30克

制作过程

1　玉米清洗干净，切成小段，备用。
2　锅内倒入纯净水，依次放入玉米。
3　依据个人口味在每段玉米身上均匀撒入白砂糖。
4　开中火，至铸铁锅内产生热气后，盖上锅盖，转中小火焖煮8分钟。
5　揭开锅盖，将玉米翻面，盖上锅盖继续焖煮5分钟，关火即可。

原味红薯

材料	制作过程

红薯300克

1 红薯带皮清洗干净，待用。

2 铸铁锅用大火预热2分钟，放入红薯，加入半杯清水。

3 中火加热，待锅中水沸腾后盖上锅盖，改小火焖煮20~25分钟。

4 关火后揭盖，待红薯稍微冷却后即可食用。

清蒸生菜

材料

生菜300克

调料

盐、鸡粉各少许，芝麻油
适量

制作过程

1 将生菜洗净，撕成小块。
2 生菜放入铸铁锅中，加入盐、鸡粉、芝麻油，翻炒片刻，至生菜变软。
3 盖上锅盖，用小火加热约2分钟，关火，将铸铁锅盖揭开即可。

手撕包菜

材料

包菜500克

调料

盐2克，生抽3毫升，食用油适量

制作过程

1 包菜洗净，用手撕成小块，待用。
2 铸铁锅用中火预热2分钟，倒入适量食用油烧热。
3 加入生抽，炒匀，倒入备好的包菜，翻炒均匀，加入盐调味。
4 用中火翻炒约2分钟，关火，盖上锅盖，闷2分钟。
5 揭开盖，盛出炒好的包菜即可。

调味时可以加入适量豆瓣酱，味道更香；包菜宜选用颜色嫩黄、微微发绿、叶片薄软的嫩包菜，太绿则过老，叶片太厚则口感发面。

干煸豆角

材料

长豆角400克，蒜片10克，干辣椒15克

调料

盐2克，生抽3毫升，食用油适量

制作过程

1 长豆角洗净，切成5厘米左右的长段；干辣椒洗净，切成小段。
2 铸铁锅放油，用中火烧热，倒入蒜片、干辣椒，炒香。
3 倒入切好的长豆角，不停翻炒，至豆角软化。
4 加入盐、生抽，翻炒均匀，至食材入味。
5 转小火，盖上盖，焖2～3分钟至豆角熟透即可。

没有熟透的长豆角可能会引起食物中毒，所以在烹饪的时候一定要将其做熟透。

锅巴土豆

材料

小土豆200克，葱花适量

调料

花椒粉、孜然粉、五香粉、胡椒粉各5克，辣椒油、植物油、盐各适量

制作过程

1 小土豆去皮洗净，放入蒸锅，蒸至筷子能轻松插透的程度。

2 铸铁锅中注入适量植物油，放入蒸好的土豆，煎至土豆外皮焦脆，呈浅黄色。

3 将土豆轻轻压扁，继续煎约3分钟，往土豆两面撒盐。

4 放入花椒粉、孜然粉、五香粉、胡椒粉。

5 放入辣椒油、葱花拌匀，出锅即可。

在烹调土豆时可适当加些食醋，以加速破坏其所含有的龙葵碱成分，消解土豆的毒性。

素烧什锦菇

材料

香菇、平菇各150克，杏
鲍菇200克，葱花适量

调料

植物油、盐各适量，黑胡
椒少许

制作过程

1　香菇、杏鲍菇切小片，平菇撕成条。
2　铸铁锅中火加热，注入适量植物油。
3　放入处理好的香菇、平菇、杏鲍菇，拌炒片刻，
　　加入适量盐。
4　盖上锅盖，以中火加热1分钟。
5　撒上黑胡椒，装盘，撒上葱花即可。

　　杏鲍菇肉质肥嫩，制作时
最好切得薄一些，更易熟透；
平菇需事先用水焯片刻，以去
除其异味。

胭脂藕

材料

莲藕、紫甘蓝各少许

调料

蜂蜜、白醋各适量

制作过程

1 莲藕切片，紫甘蓝切碎；将紫甘蓝放入料理机，加少许水打匀。

2 滤出汁水，加入少许白醋，使其变色，再加入蜂蜜。

3 藕片放入锅中焯熟后捞出过凉水，沥干后放到紫甘蓝液中浸泡上色，装盘冷藏即可。

切好的莲藕最好用加了少许醋的水泡一会儿，这样炒出来的莲藕不会变黑。

番茄丝瓜面筋煲

材料

番茄250克，丝瓜300克，面筋10个，香菜少许

调料

盐、橄榄油各适量

制作过程

1 洗净的番茄切厚片；丝瓜去皮，切滚刀块，放水里，待用。
2 铸铁锅中倒入少许橄榄油，中火烧2～3分钟。
3 倒入番茄，煸炒。
4 倒入沥干水分的丝瓜，稍微翻炒一下，搅匀。
5 加盖，中火煮2分钟，转小火续煮3分钟。
6 加入适量清水，煮沸。
7 面筋戳洞放进去，加盖，焖软。
8 加盐，续煮约2分钟，撒上香菜即可。

切好的丝瓜一定要放入清水中浸泡，以免氧化变黑，影响成品的色泽和口感。

地中海风味烤时蔬

材料

红薯、洋葱各1/2个，彩椒2个，茄子、土豆、胡萝卜各1个，欧芹碎适量

调料

橄榄油少许，海盐、黑胡椒碎、沙拉酱各适量

制作过程

1 红薯带皮切成2厘米厚度的圆片，其他蔬菜切块，装盘备用。

2 铸铁锅中倒入橄榄油，放入洋葱和彩椒，炒出香味。

3 放入所有蔬菜，稍微煎过，并撒上海盐和黑胡椒碎调味。

4 烤箱预热至220℃，将铸铁锅放入烤箱中，烤20~30分钟。

5 取出铸铁锅，撒上欧芹碎，在盘子上添上沙拉酱，蘸食即可。

胡萝卜炖番茄

材料

胡萝卜1根，番茄3个，百里香（干）适量

调料

盐、橄榄油各1匙，高汤颗粒1/2匙，孜然、胡椒各适量

制作过程

1　番茄切大块，胡萝卜连皮切块，备用。
2　锅中倒入橄榄油加热，倒入番茄块，用中小火炒软。
3　待番茄变软、成稠状时，加入2杯水、高汤颗粒、盐、胡椒，放入百里香和胡萝卜。
4　盖上锅盖，小火炖煮40分钟左右，揭盖，拌匀。
5　最后把孜然撒入汤中即可。

麻婆豆腐

材料

豆腐1块，猪绞肉150克，辣椒末、姜末、蒜末各1匙，淀粉2匙，葱花适量

调料

红油、白酒、白糖各1匙，豆瓣酱2大匙，花椒、食用油各适量

制作过程

1 锅中倒油，倒入花椒煸香，再将花椒捞出，锅中留下花椒油。

2 锅中倒入红油，再倒入猪绞肉，小火煎至变色。

3 锅中下姜末、蒜末和辣椒末与肉末拌炒均匀，加入2大勺豆瓣酱，1勺白酒和白糖，中火炒香。

4 倒入2杯左右的水和豆腐块，煮滚后，盖上锅盖小火焖煮10分钟左右。

5 开盖后收汁一会儿，舀出锅内的汤汁，倒入装有淀粉的小碗中，搅拌成芡汁后倒回锅中。

6 最后撒上辣椒末，再撒上葱花即可。

Chapter 4

用铸铁锅
做香嫩肉蛋

香嫩的肉蛋料理，
几乎是家家户户都爱吃的美味，
一口铸铁锅就可以满足您的味蕾。
无论是禽肉、牛肉、猪肉、羊肉、各种蛋，
铸铁锅都能搞定！

玉米洋葱煎蛋

材料

玉米粒 120 克，洋葱末 35 克，鸡蛋 3 个，青豆 55 克，红椒圈、香菜碎各少许

调料

盐少许，食用油适量

制作过程

1 锅中注入适量清水烧开，倒入洗净的青豆、玉米粒，煮约2分钟，至食材断生后捞出，沥干水分，待用。

2 取一大碗，打入备好的鸡蛋，搅散、调匀，再倒入青豆、玉米粒、洋葱末，搅散、拌匀。

3 加入少许盐，快速搅拌一会儿，制成蛋液，待用。

4 铸铁锅中注入适量食用油烧热，倒入调好的蛋液，摊开、铺匀。

5 放入备好的红椒圈、香菜碎，转小火，煎出香味。

6 慢慢用锅铲掀动四周，再将蛋饼翻面，用中火煎一会儿，至两面熟透。

7 关火后盛出煎好的鸡蛋，装在盘中即可。

切洋葱前，先把刀放在冷水里浸泡一会儿，再切洋葱时就不会刺激眼睛了。

烤肋排

材料

肋排4根，白芝麻适量

调料

蜂蜜2匙，烧烤酱3匙，生抽、料酒各1匙，老抽适量

制作过程

1 肋排洗净沥干，加入2匙蜂蜜、3匙烧烤酱、1匙生抽、半匙老抽、1匙料酒，静置腌渍。

2 锅底部铺上两层锡纸，放入一个不锈钢蒸架，把腌制好的肋排用厨房纸拭去表面水分，排入锅内，盖上锅盖。

3 开中小火加热，大约半小时（空锅烧烤），中途两次开盖在肋排表面刷上剩余的酱料。

4 半小时后关火，不要开盖，继续闷10分钟，最后开盖撒上白芝麻即可。

铸铁锅红烧肉

材料

五花肉1600克，香叶、八角、桂皮、姜片各适量

调料

料酒、生抽、老抽、冰糖、食用油各适量

制作过程

1 铸铁锅内刷一层底油，开中火，放入姜片和焯过水的五花肉。

2 用适量的生抽、老抽、料酒调成酱汁，淋入锅中，翻炒片刻，使五花肉均匀着色。

3 放入八角、桂皮、香叶、冰糖，盖上锅盖。

4 在锅盖上倒入凉水，用小火焖制30分钟。

5 揭开锅盖，稍凉后即可食用。

炖煮五花肉前，可先用冷水加醋将其浸泡1小时，再开始炖煮，可使肉变嫩变软。

猪肉白菜炖粉条

材料

五花肉100克，大白菜250克，水发红薯粉条70克，姜片、葱段各少许

调料

盐、鸡粉、白胡椒粉各3克，食用油适量

制作过程

1　洗净的五花肉去皮，对半切开，改切成片；洗净的大白菜切成三段，改切成条，待用。

2　铸铁锅注油烧热，倒入五花肉，炒至转色，倒入葱段、姜片，爆香。

3　倒入大白菜，炒拌片刻，注入适量清水，用大火煮至沸腾。

4　加入泡发好的红薯粉条，加盐，充分拌匀。

5　加盖，大火煮开后转小火炖5分钟。

6　揭盖，加入鸡粉、白胡椒粉，充分拌至入味即可。

在炖肉时，加入适量食用醋，能够使做出来的肉更加鲜嫩可口，颜色也更诱人。

盐渍猪肉土豆

材料

土豆4个，五花肉150克

调料

盐1匙，酒2大匙，粗粒黑
胡椒、橄榄油各适量

制作过程

1　五花肉铺在托盘中，均匀撒上盐，静置10分钟
　　后，用厨房纸拭去水分。

2　土豆连皮切成2等份，改切滚刀块，泡在水中。

3　橄榄油在锅中加热，放入沥干水的土豆，中小火
　　煎5分钟左右。

4　放入猪肉，并倒入2杯水和2大匙酒，小火炖煮
　　25分钟左右。

5　出锅后，撒上粗粒黑胡椒即可。

将切好的土豆放入沸水锅
中焯一遍，再入锅炒制，可以
大大缩短烹饪的时间。

蜂蜜炖五花肉

材料

五花肉400克，葱花适量

调料

蜂蜜、酱油、酒各3大匙

制作过程

1　将五花肉切成小块，放入锅内，加入蜂蜜、酱油、酒。
2　盖上锅盖并稍留出空隙，以微弱的中火加热。
3　待沸腾后，将锅盖盖紧，转微弱小火炖煮40分钟，过程中将五花肉翻面一次。
4　关火，闷15分钟，捞去锅中浮油。
5　将五花肉盛入碗中，撒上备好的葱花即可。

猪五花肉在烹调前不要用热水清洗或浸泡，以免散失营养，同时口味也欠佳。

黄豆烧猪蹄

材料

猪蹄2只，黄豆1碗，竹荪1包，八角、花椒、干辣椒、姜片、香叶各适量

调料

老抽3匙，料酒2匙，黄豆酱1匙，冰糖1块，食用油适量

制作过程

1. 猪蹄焯熟，然后捞出，过凉水，备用。
2. 锅中倒适量油，放入八角、花椒、干辣椒、姜片、香叶，煸香。
3. 放入黄豆，翻炒一会儿。
4. 放入焯好的猪蹄，翻炒均匀。
5. 倒入冰糖、老抽、料酒、黄豆酱，翻炒至上色。
6. 加水，小火焖煮40分钟；竹荪泡水，剪成小段，放入锅中续焖10分钟即可。

三杯鸡

材料

鸡中翅12个，蒜瓣1整
个，姜片10片，红尖椒2
个，罗勒叶适量

调料

米酒6汤匙，老抽1汤匙，
冰糖5块，玉米油、芝麻油
各适量

制作过程

1　红尖椒切圈；鸡中翅洗净，凉水下锅，放入锅中
　　焯水后，捞出沥干水分。

2　铸铁锅中注入适量玉米油，放入蒜瓣、姜片、红
　　尖椒圈，爆香至蒜瓣和姜片微黄。

3　下鸡中翅，翻炒至鸡翅两面变黄，淋入米酒，翻
　　炒均匀。

4　淋入老抽，加入冰糖，翻炒均匀。

5　待鸡翅上色后，盖上锅盖，转中火，焖约10分
　　钟，打开锅盖，大火收汁。

6　将罗勒叶铺在鸡翅上，锅边缘浇上半汤匙芝麻油。

7　翻拌均匀，盖上盖子，闷上1分钟，连锅端上
　　即可。

鸡肉容易变质，购买回来
的新鲜鸡肉应立即放进冰箱冷
冻保存。若一时吃不完，也可
将剩下的鸡肉煮熟后保存。

啫啫鸡

材料

鸡半只，香菜、葱段各适量，蒜瓣2瓣，姜片4片

调料

花生油、老抽、蚝油各1大勺，盐、淀粉各2小勺，生抽适量

制作过程

1　鸡洗净，斩成块，沥干水分，装碗待用；蒜瓣切成片。

2　装有鸡肉的碗中放入盐、淀粉、蚝油、老抽，用手抓匀，盖上保鲜膜，放入冰箱冷藏，腌渍2小时。

3　锅烧热，倒入适量花生油，放入葱段、蒜瓣、姜片爆香。

4　放入腌过的鸡肉，加入适量清水，加盖煮，每过一两分钟开盖用勺子翻动。

5　至鸡肉八成熟时放入生抽和香菜，关火即可。

鸡屁股是淋巴集中的地方，同时也是病菌、病毒和致癌物的聚集地，应弃之不食。

咖喱鸡腿

材料

鸡腿3个，土豆80克，洋葱丝10克，黄油20克，姜片、蒜瓣各适量

调料

盐、鸡粉各3克，黑胡椒10克，咖喱粉、橄榄油各适量

制作过程

1 洗净去皮的土豆切厚片，切条，切丁。

2 取一个碗，放入鸡腿，倒入部分洋葱丝、蒜瓣，加入黑胡椒、盐、鸡粉、咖喱粉、橄榄油，抓匀，腌渍5小时。

3 铸铁锅中淋入适量橄榄油烧热，放入腌渍好的鸡腿，煎出香味。

4 将鸡腿翻面，将两面煎至焦糖色，盛出待用。

5 热锅中倒入黄油，烧至融化，放入洋葱丝、蒜瓣、姜片，爆香。

6 倒入适量咖喱粉，炒香，注入适量的清水，搅拌匀，加入土豆丁，拌匀。

7 加盐、鸡粉、黑胡椒，拌匀调味，倒入煎好的鸡腿，盖上锅盖，焖20分钟至入味。

8 关火后掀开锅盖，将鸡腿盛出，装入盘中即可。

煎鸡腿的时间不宜过长，以腿部能插进筷子，且拔出无血水为准。

茄汁鸡翅

材料

鸡中翅230克，姜片、葱条各少许

调料

盐3克，白糖2克，番茄酱20克，料酒、生抽、食用油各适量

制作过程

1. 洗净的鸡中翅两面划上一字花刀，装碗，加入姜片、葱条，淋入少许料酒、生抽，加入盐、白糖，拌匀，腌渍10分钟。
2. 铸铁锅注入适量食用油烧热，放入腌好的鸡中翅，用中小火煎至鸡中翅两面金黄，捞出。
3. 锅底留油，倒入番茄酱拌匀，倒入煎好的鸡中翅，炒匀。
4. 加入少许清水，盖上盖，用小火焖10分钟，至鸡中翅入味。
5. 关火，揭开盖，盛出焖好的鸡中翅即可。

腌渍鸡翅的时间可以适当延长一些，焖制时间也可以久一点，这样做出来的鸡翅会更入味。

珐琅锅烟熏鸡翅

材料

鸡翅10只，柚子、辣椒各适量，绿茶茶叶1大匙

调料

砂糖1匙半，盐、烤肉酱各少许

制作过程

1 辣椒洗净晾干，切末；柚子用盐水洗净擦干，用刮皮刀刮掉外皮，同时将外皮切成末。

2 取一较深容器，放入辣椒、柚子皮末、盐、砂糖，用捣蒜锤捣成泥，制成柚子胡椒。

3 鸡翅划刀痕，两面都抹上盐，放置10分钟后拭去水分，再撒上柚子胡椒。

4 锅底铺上铝箔纸，并排放上3根用铝箔纸卷成的粗棒。

5 将绿茶茶叶和砂糖混合好铺在锅底，铝箔棒的上方再铺上一层烘焙纸，鸡翅表皮朝下摆放。

6 开中火至锅内冒烟后，盖上锅盖用小火熏制20分钟盛出，淋上烤肉酱即可。

栗子黄焖鸡

材料

栗子仁100克，鸡中翅220克，鸡蛋黄1个，生粉30克，葱段、姜片各少许

调料

盐5克，鸡粉、胡椒粉、五香粉各3克，白糖2克，老抽、生抽、水淀粉各5毫升，黄酒60毫升，食用油适量

制作过程

1　往备好的碗中倒入洗净的鸡中翅。

2　撒上盐、鸡粉，放入胡椒粉、五香粉、生抽、鸡蛋黄，拌匀，腌渍10分钟。

3　往腌渍好的鸡中翅中倒入生粉，充分搅拌均匀，待用。

4　热锅注入适量食用油，烧至七成热，放入鸡中翅，油炸至金黄色。

5　倒入栗子仁，稍微过下热油，将炸好的栗子仁和鸡中翅捞出，沥干油待用。

6　另起锅注油烧热，倒入葱段、姜片，爆香，倒入栗子仁、鸡中翅、黄酒，注水，拌匀，撒上盐、白糖，淋上老抽，拌匀。

7　加盖，大火煮开后转小火焖5分钟；揭盖，撒上鸡粉、水淀粉，充分拌匀，盛出即可。

在倒水淀粉时，要一边倒，一边不停地搅拌，最好用中火，这样做出的稠汁既美观又可口。

迷迭香柠檬胡椒鸡

材料

整鸡1只，土豆、胡萝卜、香菇、柠檬各1个，大蒜2颗，迷迭香少许

调料

料酒、生抽各3汤匙，蜂蜜1汤匙，黑胡椒粉10克，盐20克，橄榄油少许

制作过程

1　整鸡洗净，沥干，放置盘中；大蒜切末，装碗，倒入料酒、生抽、蜂蜜、盐、黑胡椒粉，挤入适量柠檬汁，搅成腌料汁。

2　将整鸡放入保鲜袋中，均匀涂抹腌料汁，整鸡表皮用牙签扎眼，按摩3分钟，然后放入冰箱冷藏2个小时。

3　锅擦干水分，在锅底及锅壁均匀抹上橄榄油，放入整鸡，撒上黑胡椒粉，放入迷迭香。

4　胡萝卜、土豆、香菇切块，塞入鸡肚子里。

5　烤箱以150℃预热5分钟，放入铸铁锅，烤80分钟。

6　打开烤箱，取下锅盖即可。

101

日式寿喜肥牛锅

材料

肥牛1/2盒，豆腐1块，香菇3个，金针菇、蔬菜、葱段、黄油各适量

调料

日式火锅汁2勺，料酒1勺，白砂糖适量

制作过程

1　香菇用刀切十字花，待用。
2　将锅预热，放入黄油，煮至融化，用筷子涂开。
3　放入肥牛，略煎片刻。
4　在肥牛肉上撒上少许白砂糖，加入2勺日式火锅汁、1勺料酒、适量水，放入香菇、豆腐、葱段、金针菇、蔬菜。
5　盖上锅盖焖一会儿，开锅即可享用。

黑胡椒番茄肥牛锅

材料

肥牛片1/2盒，番茄1个，
姜丝、金针菇各适量

调料

食用油、黑胡椒、盐各适量

制作过程

1 番茄切丁，备用。
2 锅中倒入一点儿油，爆香姜丝。
3 放入番茄，翻炒，炒到出汁变软，加入适量水，
   大火烧开。
4 下肥牛片和金针菇，煮片刻。
5 撒入适量黑胡椒和盐，小火略煮，拌匀盛出即可。

沙茶火锅

材料

龙骨300克，大葱3段，蒜5瓣，姜片5片，鸭血1块，豆芽、豆腐、虾、鱿鱼、香菇、生菜、碱水面、草虾、各种丸子等各适量

调料

花生酱1勺，沙茶酱2大勺，食用油、冰糖各适量

制作过程

1　将草虾去掉虾壳、虾头，备用。
2　锅中放入龙骨、虾。
3　放入大葱、姜片、蒜瓣。
4　注入适量开水，盖上锅盖，小火焖煮2小时。
5　熬出有红色的虾油浮上来即可。
6　过滤出锅里的所有食材，留下高汤备用。
7　锅中倒入适量油，放入2大勺沙茶酱和1勺花生酱，混合均匀，炒香。
8　倒入做好的高汤，放入冰糖，沙茶汤底就完成了。
9　煮开汤底，放入备好的鸭血、豆芽、豆腐、鱿鱼、香菇、生菜、碱水面和各种丸子，汆烫即可。

棒骨海带汤

材料

猪棒骨、海带各适量，姜片、葱段各少许

调料

盐、白醋各少许

制作过程

1 将洗净的海带切成大小适中的块，装碗备用。

2 将洗净、斩成小段的猪棒骨用开水焯一下，捞出装碗备用。

3 将猪棒骨放入热水锅中，和葱段、姜片一起拌匀，煮一会儿。

4 待猪棒骨六成熟时，放海带下锅，并加入适量的白醋。

5 待熟透后放盐调味，出锅装碗即可。

一定要等到汤煲好后再放盐调味，否则可能会使猪棒骨的肉质变老。

萝卜筒子骨汤

材料

白萝卜100克，排骨300克，葱花3克，姜片5克

调料

盐2克

制作过程

1　洗净去皮的白萝卜切块。
2　锅中注入适量的清水，大火烧开。
3　放入排骨，余片刻，去除血水。
4　将食材捞出，沥干水分，待用。
5　备好铸铁锅，倒入排骨、白萝卜、姜片，注入适量的清水，至漫过食材。
6　加盖焖煮30分钟，至食材熟透。
7　放入盐、葱花，搅匀调味。
8　将煮好的汤盛入碗中即可。

　　白萝卜中的淀粉酶、维生素C在高温条件下容易被破坏，因此烹煮白萝卜的时间不宜过长。

清炖羊排萝卜汤

材料

白萝卜块、羊肉块各500克，八角3片，大葱1根，香菜、月桂叶、姜各适量

调料

食用油、盐各适量

制作过程

1 在锅底抹上一层食用油，开中火。
2 放入大葱、八角、姜、月桂叶。
3 放入焯好的羊肉块，略微翻炒。
4 倒入三碗半水，盖上锅盖，焖10分钟。
5 开盖，加入白萝卜块，烧开转小火炖1小时。
6 起锅前加入盐和香菜调味即可。

羊肉一般都有膻味，可将其切块放入水中，加点米醋，待煮沸后捞出羊肉，再继续烹调，即可去除膻味。

Chapter 5

用铸铁锅
做鲜味水产

水产品美味，重点在于鲜，
倘若使用铸铁锅烹饪，
既能留住鲜味和营养，
又不至于过于复杂。
快来动手试试吧！

焗鱼头

材料

鲢鱼头1个，红椒、大蒜各15克，泡椒3个，姜片5克，香菜、葱花各少许

调料

盐4克，蚝油20毫升，蒸鱼豉油、料酒各10毫升，海鲜酱20克，胡椒粉3克，水淀粉、陈醋各5毫升，食用油适量

制作过程

1 洗净的鲢鱼头沥干水分，放入碗中，依次加入盐、胡椒粉、料酒、陈醋、蚝油、蒸鱼豉油、海鲜酱、水淀粉，拌匀，腌渍约20分钟，至鱼头入味。

2 铸铁锅置于火上，注油烧热，放入姜片、大蒜，炒香，将鱼头一面朝上，放入铸铁锅中。

3 加入红椒、泡椒，注入适量清水，至没过鱼头。

4 盖上盖，用中小火焗20分钟，至鱼头熟。

5 揭盖，将碗中剩下的腌鱼汁淋入锅中，再次盖好盖子，用小火焖约10分钟。

6 关火，揭盖，撒上香菜、葱花即可。

煎鱼头时，可先在鱼头上抹一些干淀粉，既可以使鱼头保持完整，又能防止鱼头被煎煳。

啤酒烧鱼

材料

草鱼块400克，啤酒150毫升，姜片、葱段各少许

调料

盐、白胡椒粉各2克，鸡粉1克，白糖3克，料酒、生抽各5毫升，水淀粉8毫升，芝麻油3毫升，食用油适量

制作过程

1 取一碗，放入洗净的草鱼块，加入盐、料酒、白胡椒粉、水淀粉，拌匀，腌至入味。

2 铸铁锅注油烧热，放入腌好的草鱼块，煎约3分钟至两面微黄。

3 倒入姜片、葱段，炒香，注入啤酒，加入适量盐、鸡粉、白糖、生抽。

4 用中火焖5分钟至食材入味。

5 加入适量水淀粉，淋入芝麻油，炒匀炒香。

6 关火，盛出鱼块即可。

煎炸草鱼时宜用小火，否则很容易炸煳；啤酒的量可以根据个人的喜好和鱼的多少酌情增减。

蒸黄花鱼

材料

小黄花鱼5条，葱丝、葱段、姜片、红椒丝各适量

调料

盐3克，蒸鱼豉油、料酒各5毫升

制作过程

1 将小黄花鱼清洗干净，放入葱段、红椒丝、盐、料酒，拌匀，腌渍20分钟至其入味。

2 铸铁锅底部铺上葱段、姜片，摆放好黄花鱼。

3 取一碗，倒入少许凉水，加入料酒、蒸鱼豉油，搅匀，均匀地淋在黄鱼上。

4 盖上盖，用大火蒸8分钟，至黄鱼熟透入味。

5 关火，继续闷5分钟，揭盖即可。

清洗小黄花鱼时，一个手握住鱼体，一只手大拇指和食指扣住鱼鳃一扭一拉，保证干干净净。

醋焖多宝鱼

材料

多宝鱼500克，葱花、姜
片、蒜末各少许

调料

盐2克，生抽、料酒各5毫
升，陈醋、食用油各适量

制作过程

1 将处理好的多宝鱼两面划上网格花刀。
2 将多宝鱼装入盘中，撒上适量盐、料酒，涂抹均
  匀，腌渍片刻。
3 铸铁锅中注油烧热，放入多宝鱼，煎制片刻，撒
  上姜片、蒜末，至香味散出。
4 淋入料酒、生抽，注入适量清水，煮至汤汁沸
  腾，放入盐。
5 盖上锅盖，大火煮开后转小火焖8分钟至熟。
6 揭开锅盖，淋上适量陈醋，继续焖约3分钟。
7 关火，盛出闷好的多宝鱼，撒上葱花即可。

在处理多宝鱼时，把鱼剖
肚洗净后，放在冷水中，再往
水中倒入少量的醋和胡椒粉，
这样可以有效减少腥味。

铸铁锅炖鱼

材料

鲤鱼600克，干辣椒20克，肥肉50克，蒜头30克，葱段、姜片、香菜叶、葱花各少许

调料

鸡粉、白糖各2克，盐3克，陈醋、生抽各5毫升，料酒10毫升，黄豆酱30克，食用油适量

制作过程

1　处理好的蒜头用刀拍扁，备好的肥肉切成小块。

2　处理干净的鲤鱼两面打上十字花刀，再均匀地抹上盐，淋上料酒，腌渍10分钟。

3　铸铁锅中注入适量食用油烧热，放入鲤鱼，煎至两面金黄，盛出鲤鱼，待用。

4　锅底留油烧热，倒入肥肉块，放入蒜头、干辣椒、葱段、姜片，爆香。

5　倒入黄豆酱，快速翻炒均匀，注入适量清水，放入生抽、鲤鱼、盐，拌匀。

6　盖上盖，大火炖10分钟至入味；揭盖，加入鸡粉、白糖、陈醋调味。

7　续炖5分钟，至汤汁黏稠，盛出锅中食材，撒上备好的香菜叶、葱花即可。

清洗鲤鱼其实不难，先将鱼泡入冷水内，加入两汤匙醋，过两个小时后再去鳞，很容易刮净。

草鱼烧萝卜

材料

草鱼500克，白萝卜200克，葱花、姜片各少许

调料

豆瓣酱30克，生抽5毫升，食用油适量

制作过程

1 将处理好的草鱼洗净，切成大块；洗净的白萝卜切块。

2 铸铁锅预热，注入适量食用油，放入草鱼块，煎至两面金黄。

3 取一碗，加入豆瓣酱、生抽、姜片，注入适量清水，搅拌均匀，调成味汁。

4 将调好的味汁淋入鱼锅中，加入适量清水，煮至汤汁沸腾。

5 加入切好的白萝卜，盖上盖，续煮约15分钟，至白萝卜变软。

6 关火后揭盖，撒上葱花即可。

如果买来的草鱼比较脏，可用淘米水擦洗，不但可以洗净鱼，而且手也不至于太腥。

鲜虾炖时蔬

材料

鲜虾6只，蛤蜊10个，卷心菜1/2颗，大葱1根，四季豆5根，面粉、罗勒叶各适量

调料

白酒100毫升，盐、橄榄油各适量

制作过程

1 虾剔除肠泥，卷心菜切片，大葱切段，四季豆切段，备用。

2 锅中放入3匙橄榄油，铺入卷心菜、大葱、四季豆，倒入少许水，加盖，小火焖煮。

3 另取一口锅，倒入蛤蜊和100毫升白酒，盖上锅盖，煮至蛤蜊壳打开。

4 将虾淋上橄榄油，撒上盐，蘸上面粉，放入煎锅中双面煎至金黄。

5 步骤2的蔬菜煮软后，放入蛤蜊、汤汁、鲜虾，倒入一杯水，用中小火炖煮30分钟左右，直到水分微微收干。

6 加入适量盐和罗勒叶调味即可。

铸铁锅南瓜焖虾

材料

南瓜250克，虾150克，
芦笋15克

调料

盐、鸡粉各3克，水淀粉5
毫升，食用油适量

制作过程

1 洗净的南瓜去皮，切成大块；虾洗净，去除虾
线，待用。

2 锅中注水烧开，倒入芦笋，淋入少许食用油，煮
至芦笋断生。

3 将焯好的芦笋捞出，放入盘中待用。

4 往沸水锅中倒入南瓜，煮至南瓜断生，捞出，沥
干水待用。

5 铸铁锅置于火上，淋入适量食用油烧热，倒入
虾、南瓜，炒匀。

6 注入200毫升的清水，焖煮5分钟，至食材熟。

7 揭盖，加入盐、鸡粉、水淀粉，拌匀，炒至汤汁
浓稠。

8 关火，将焖煮好的食材盛入碗中，摆放上芦笋
即可。

南瓜皮含有较高的营养价
值，烹制时如果不介意口感过
硬的话，也可以不去皮。

蛤蜊蒸蛋

材料

鸡蛋2个，蛤蜊100克，香葱少许

调料

盐、料酒、海鲜酱油各少许

制作过程

1 蛤蜊用盐水泡1小时充分吐沙，将干净的蛤蜊倒入加了少许料酒的铸铁锅内，煮至开口后捞出，备用。

2 鸡蛋打入碗中，搅拌均匀后，倒入80毫升纯净水，加入适量盐、料酒，继续搅拌均匀。

3 备用的蛤蜊均匀放置进蛋液。

4 锅加水后中火烧开，待有热气产生，将准备好的蛋液置入锅内。

5 盖上锅盖，转小火蒸6分钟。

6 关火，续闷2分钟，揭开锅盖，倒入海鲜酱油，放入香葱即可。

酒蒸蛤蜊

材料

蛤蜊500克，黄油、葱花各10克，姜、蒜、干辣椒、花椒各少许

调料

橄榄油50毫升，白酒100毫升，生抽适量

制作过程

1 锅中倒入适量橄榄油烧热，放入姜、蒜、干辣椒、花椒，爆香。
2 倒入蛤蜊，用中小火翻炒片刻。
3 放入白酒，盖上锅盖，小火焖煮至蛤蜊壳张开。
4 放入黄油，静待黄油融化。
5 倒入生抽拌炒，出锅前放入葱花即可。

市场上买的蛤蜊要在家用盐水养一天，让蛤蜊将沙吐尽，以免影响成品口感。

海鲜牛奶烩西蓝花

材料

牛奶70毫升，鱿鱼圈100克，虾仁20克，西蓝花80克，洋葱丝40克，番茄块60克，黄油块适量

调料

盐、鸡粉、黑胡椒粉各3克

制作过程

1 铸铁锅中放入黄油块，加热至其融化。
2 倒入洋葱丝，爆香，倒入鱿鱼圈、虾仁，炒香。
3 倒入西蓝花，炒匀，注入适量的清水。
4 加入盐、鸡粉、黑胡椒粉，炒匀入味，注入牛奶，煮至沸腾。
5 倒入番茄块，翻炒片刻，煮至沸腾。
6 关火，将菜肴盛入盘中即可。

切鱿鱼圈时，先将其爪和头去掉，剩下的鱿鱼身子平放在菜板上，然后用刀横切成段，顺着鱿鱼身子的口切，就会切成圈。

北欧风味鳕鱼汤

材料

土豆2个，鳕鱼3块，高汤块1/2块，奶油2匙，柠檬1个，蒜泥、面粉各少许

调料

盐1/3小匙，白酒2匙，胡椒粉适量

制作过程

1 鳕鱼撒上适量盐，静置片刻后以厨房纸巾拭去释出的水分，撒上胡椒粉和面粉；土豆切成两等分，泡在水中。

2 锅中放入奶油，倒入鳕鱼，以中火将鳕鱼的两面各煎1分30秒，淋上白酒调味。

3 加入水、高汤块、盐，挤入柠檬汁，放入蒜泥、土豆块。

4 大火煮滚后盖上锅盖，以中火炖煮20分钟左右即可。

Chapter 6

用铸铁锅
做中西甜品

你可能想不到,
铸铁锅还可以做中西式甜品,
满足你挑剔的胃口,
带给你不一样的烹饪感受!

纽约芝士蛋糕

材料

芝士500克，酸奶油、鲜奶油各50克，鸡蛋2个，柠檬汁3毫升

调料

白糖100克，食用油适量

制作过程

1 将芝士放入打蛋盆中，再将打蛋盆置于热水上，隔水融化芝士，并将其打软。

2 分3次加入白糖，将芝士打发成奶油状。

3 分2次打入鸡蛋，搅拌均匀，再加入备好的鲜奶油、酸奶油、柠檬汁，搅拌均匀，打成面糊状。

4 铸铁锅底部刷上一层油，铺上烘焙纸，倒入面糊，用沾过水的刮刀将面糊刮平。

5 取一个大的烤盘，放入铸铁锅，注入适量热水，待用。

6 将预热过30分钟的烤箱打开，放入烤盘，调至双管发热功能，用180℃的温度烤30分钟，再用160℃温度烤30分钟。

7 烤好的蛋糕置于烤箱中冷却，2小时后取出，再放入冰箱冷藏室冷藏约8小时。

8 将冷藏好的芝士蛋糕取出即可。

烤箱一定要提前预热，这样既能缩短烹饪时间，又可以保证成品口感的酥软。

古早味鸡蛋糕

材料

鸡蛋4个，低筋面粉100克，牛奶60毫升

调料

白砂糖70克，泡打粉1.5克，食用油适量

制作过程

1 把蛋黄和蛋清分离，分别装入两个容器中。
2 用打蛋机打蛋清，加入1.5克泡打粉，将50克白砂糖分3次加入，打发成奶油状。
3 蛋黄中加入牛奶和剩余的20克白砂糖，搅匀，将面粉用面粉筛过滤，加入容器中，搅成蛋黄粉浆。
4 将奶油样蛋清和蛋黄粉浆分三次搅拌，制成蛋糕原浆。
5 用中火预热铸铁锅3分钟，锅边锅底刷上一层薄油，倒入蛋糕原浆，将锅边略敲几下，将气泡放出来。
6 加盖，开小火7分钟，关火后再闷10分钟即可。

南瓜布丁

材料

鸡蛋、小南瓜各1个，冲好的奶粉40毫升

制作过程

1. 小南瓜切块，用铸铁锅蒸熟，备用。
2. 将蒸好的南瓜做成南瓜泥，放入碗中，待用。
3. 准备一个小铸铁锅，然后把南瓜泥加入打散的鸡蛋中。
4. 加入冲好的奶粉，搅拌均匀。
5. 把小铸铁锅放到大铸铁锅中（锅中倒水，再用一个盘子倒扣隔开），盖上盖子，用中小火蒸10钟左右，至蛋液凝固即可。

焦糖布丁

材料

淡奶油140克，牛奶70毫升，蛋黄3个

调料

白糖25克

制作过程

1. 将铸铁锅置于火上，倒入淡奶油和牛奶，用小火加热，并用打蛋器不停搅拌。
2. 待锅中有热气冒出，将铸铁锅离火，冷却约10分钟。
3. 将20克白糖加入蛋黄中，搅拌均匀，倒入放凉的铸铁锅中，搅拌均匀，制成蛋糊。
4. 取烤盘，放入铸铁锅，往烤盘中加入少许热水，待用。
5. 打开预热好的烤箱，放入烤盘，调至双管发热功能，用150℃温度烤约30分钟。
6. 打开烤箱门，取出烤盘，待布丁冷却后，用保鲜膜盖好，放入冰箱冷藏4～6小时后取出。
7. 将剩下的白糖均匀撒在烤好的布丁表面，取喷枪在距布丁表面几厘米地方喷烧，至白糖成焦糖状即可。

做好的焦糖布丁还可以撒上适量水果丁，既能装饰布丁，又能丰富口感，一举两得。

RUIER®

焦糖酸奶苹果

材料

苹果3个，八角茴香1个，
酸奶适量

调料

红糖60克，红酒1/2杯，
粗粒黑胡椒适量

制作过程

1 苹果带皮切成6等份，备用。
2 锅中倒入1.5杯水、1/2杯红酒、60克红糖、1个八角茴香，并撒入适量粗粒黑胡椒，煮沸。
3 放入苹果，以厚的厨房纸巾当作落盖。
4 小火熬煮20分钟左右，捞出苹果。
5 用中火将汁煮至黏稠，淋在苹果上。
6 浇上冰镇的酸奶即可。

红酒炖梨

材料

雪梨2个，桂皮20克

调料

红酒125毫升，冰糖若干

制作过程

1 雪梨去皮，用刀在表面划出明显的刀痕。
2 小火预热铸铁锅，加入备好的红酒、冰糖、桂皮，同时等待冰糖融化。
3 在锅中放入处理好的雪梨。
4 加盖，用小火炖煮10分钟，关火盛出，淋上红酒即可。

薏米雪梨糖水

材料

薏米50克，莲子20克，雪梨1个

调料

冰糖20克

制作过程

1 备好的薏米、莲子倒入碗中，加入少许清水，搓洗干净，滤出，倒掉碗中水。

2 将滤出的薏米、莲子倒入碗中，注入少许清水，浸泡约1小时，待用。

3 洗净的雪梨去皮，切成瓣，去除核，再改切成小块，待用。

4 铸铁锅洗净，倒入浸泡好的薏米、莲子，再注入少许清水。

5 盖上盖，用大火煮开后转小火，续煮约40分钟，至薏米和莲子熟软。

6 揭开盖，倒入切好的雪梨、冰糖，搅拌片刻，续煮约10分钟，至汤水入味。

7 关火，将锅离火，待稍微放凉后即可食用。

在锅离火后，可以利用铸铁锅的保温性继续闷五分钟，让食材充分入味。

153

秋梨膏

材料

梨子10个，大枣若干，姜片6片

调料

蜂蜜、冰糖各适量

制作过程

1 梨子削皮，用料理机或擦板擦成梨蓉。

2 梨蓉倒入锅中，放入冰糖、姜片和去核的大枣，大火煮开后转小火熬30分钟左右。

3 颜色开始变深以后，用滤网捞出梨蓉和其他食材，用纱布挤出梨蓉中的梨汁。

4 继续敞开锅盖熬煮搅拌，煮至汁水变得浓稠后即可关火。

5 秋梨膏放温凉后再加入蜂蜜，盛入消毒后的密封罐保存，温水冲饮即可。

黑糖草莓果酱

材料

草莓2盒，柠檬半个

调料

冰糖、黑糖各150克

制作过程

1 将备好的草莓去蒂，放入锅中。
2 撒上冰糖和黑糖，搅拌匀。
3 开中火，炖煮20分钟，至浓稠，捞去浮沫。
4 挤入适量柠檬汁，关火，凉凉后放入冰箱冷藏即可。

生姜柠檬酱

材料

姜2大块,柠檬6个

调料

冰糖350克,盐适量

制作过程

1. 取1个柠檬,用盐搓洗干净,去皮,将皮切成丝,剩下的柠檬去皮,果肉用料理机打成汁;姜去皮,磨成姜蓉。

2. 锅中倒入适量水和冰糖,中火熬煮至冰糖融化。

3. 加入柠檬皮和姜蓉,熬制一会儿,至透明后再加入柠檬肉和柠檬汁熬制。

4. 熬至浓稠,趁热装瓶,冷却后放入冰箱冷藏即可。